BEI GRIN MACHT SICH IHR WISSEN BEZAHLT

- Wir veröffentlichen Ihre Hausarbeit, Bachelor- und Masterarbeit

- Ihr eigenes eBook und Buch - weltweit in allen wichtigen Shops

- Verdienen Sie an jedem Verkauf

Jetzt bei www.GRIN.com hochladen und kostenlos publizieren

Rückgang und Kampf um die globalen Fischbestände. Lösungsansätze

J. Michel

Bibliografische Information der Deutschen Nationalbibliothek:

Die Deutsche Nationalbibliothek verzeichnet diese Publikation in der Deutschen Nationalbibliografie; detaillierte bibliografische Daten sind im Internet über http://dnb.d-nb.de abrufbar.

ISBN: 9783389051665
Dieses Buch ist auch als E-Book erhältlich.

© GRIN Publishing GmbH
Trappentreustraße 1
80339 München

Druck und Bindung: Books on Demand GmbH, Norderstedt Germany
Gedruckt auf säurefreiem Papier aus verantwortungsvollen Quellen

Das Buch bei GRIN: https://www.grin.com/document/1494423

Inhaltsverzeichnis

Abbildungsverzeichnis

1 Status Quo der globalen Fischbestände

Die Ozeane der Erde beinhalten über 90% des Lebensraumes des Planeten, beherbergen mit über 250.000 verschiedenen Arten eine immense Biodiversität und sind für die Stabilität erdumspannender Prozesse von großer Bedeutung. Sie binden z.B. CO_2 und liefern etwa 50% des Sauerstoffs, den die Menschen zum Atmen benötigen (United Nations 2017). Die in den Ozeanen beheimateten Fischbestände spielen eine große Rolle für das Gleichgewicht dieses Ökosystems. Zudem bilden sie eine wichtige Nahrungsquelle für die Weltbevölkerung, versorgen diese mit lebenswichtigem Eiweiß und tragen dazu bei, zusammen mit dem gesamten Ökosystem, das Klima zu regulieren. Doch die marinen Lebensräume und damit auch deren Lebewesen werden massiv von diversen anthropogenen Eingriffen wie bspw. der Fischerei beeinträchtigt, was dazu führt, dass das gesamte Ökosystem aus dem Gleichgewicht gerät und somit auch das reibungslose Funktionieren des Planeten gefährdet.

Wie in Abbildung 1 ersichtlich, konnte in Untersuchungen ein Prozess des globalen Rückgangs der Biomasse an nahrungsrelevanten Raubfischen um etwa zwei Drittel in den letzten 100 Jahren beobachtet werden, der sich im Laufe der Zeit immer weiter beschleunigte. Ein Anstieg an kleinen Beutefischen wurde ebenfalls nachgewiesen, höchstwahrscheinlich als Folge der verringerten Anzahl an großen Raubfischen (Christensen et al. 2014). Insgesamt lässt sich diese kontinuierliche Abnahme der Bestände von fischereirelevanten Fischarten in nahezu allen Meeren der Welt beobachten (Palomares et al. 2020).

Anm. der Red.: Diese Abb. wurde aus urheberrechtlichen Gründen entfernt.

Abbildung 1: Biomasse Rückgang nahrungsrelevanter Fischarten

Ausgehend von 100% im Jahr 1910 hat sich die gesamte Biomasse an Fischarten (abgetragen auf der Ordinate), die für die Nahrungsmittelproduktion relevant sind, bis zum Jahr 2010 auf deutlich unter 40% reduziert. Dies entspricht einem Rückgang von etwa zwei Dritteln. Die dargestellten Graphen bilden den Trend des Medians innerhalb von Konfidenzintervallen von 95% ab.

Quelle: Christensen et al. 2014

Es kann also davon ausgegangen werden, dass sich die Fischbestände in den letzten Jahren stark verändert haben und weiter verändern werden, wenn keine ausreichenden Gegenmaßnahmen ergriffen werden. Das Ausmaß dieser gravierenden Änderungen für das gesamte Ökosystem können noch nicht abgeschätzt werden (Christensen et al. 2014).

Es ist folglich nicht nur zur Sicherung der globalen Nahrungsmittelversorgung, sondern auch zur Gewährleistung der Stabilität des Ökosystems und des gesamten Planeten notwendig den Rückgang der Fischbestände aufzuhalten, sie nachhaltig zu schützen und ihnen die Möglichkeit zu bieten sich zu regenerieren. Um geeignete Gegenmaßnahmen ergreifen zu können, ist es wichtig die Ursachen und mögliche Maßnahmen zu kennen.

Diese Arbeit geht zunächst auf die Hauptursachen des globalen Rückgangs der Fischbestände ein und diskutiert anschließend mögliche Maßnahmen, die getroffen werden können, um die Bestände nachhaltig zu schützen. Abschließend soll ermittelt werden welche dieser Ansätze sinnvollerweise umgesetzt werden sollten.

2 Ursachen des Rückgangs der globalen Fischbestände

Die Ursachen des globalen Rückgangs der Fischbestände sind vielfältig. Im Folgenden sollen die Hauptursachen erläutert werden.

2.1 Industrielle Fischerei

Da die Daten über den Rückgang der Fischbestände mit zunehmenden Fischereiaktivitäten stark korrelieren, ist davon auszugehen, dass die industrielle Fischerei den größten Anteil an der Dezimierung der Biomasse an Fischen hat (Christensen et al. 2014).

2.1.1 Überfischung

Meereslebewesen, im Besonderen Fische, bilden eine wichtige Ernährungsgrundlage des Menschen. Jährlich wird den Ozeanen eine geschätzte Menge von 90 Mio. Tonnen dieser Nahrungsquelle durch industrielle Fischerei für die Nahrungsmittelproduktion entnommen. Die Dunkelziffer, verursacht durch die inoffizielle Kleinfischerei, könnte diese Menge zudem um nochmal das 1,5-fache steigern. (Gebhardt et al. 2020:1213-1214).

Darüber hinaus steigt die globale Fischereiaktivität seit 1970 stetig an, um den seit Jahren kontinuierlich steigenden weltweiten Fischkonsum zu decken, der im Jahr 2023 geschätzte 166,1 Millionen Tonnen betrug (FAO 2023:56; Anticamara et al. 2011).

Rund ein Viertel der relevanten Speisefischarten wie z.B. der Dorsch sind deshalb durch Überfischung bedroht oder stehen kurz davor. In der Folge wurden die weltweiten Fischbestände der Ozeane in den letzten 100 Jahren stark dezimiert und auf diese Weise eine bedeutende erneuerbare Nahrungsressource gefährdet (Gebhardt et al. 2020:1214; Christensen et al. 2014).

Durch Beifang, der zwangsläufig durch industrielle Fischerei entsteht, wird dem Lebensraum des Weiteren mindestens 38,5 Mio. Tonnen an Biomasse entnommen, ohne dadurch einen kommerziellen Nutzen zu haben. So werden nicht nur die Arten der Zielfische beeinträchtigt, sondern auch Millionen Tonnen von anderen Meereslebewesen (Davies et al. 2009). Beifang hat erhebliche Auswirkungen auf die Bestände verschiedener Arten wie bspw. diverse Schildkrötenarten oder der Schweinswal und ist ein entscheidender Faktor für die Verringerung dieser Populationen (Lewison et al. 2004).

2.1.2 Zerstörung mariner Lebensräume

Besonders gravierend an der Fischerei ist nicht nur die Menge an entnommener Biomasse, sondern auch die Zerstörung mariner Ökosysteme durch den Einsatz verschiedener Fangmethoden. Die Verwendung von Grundschleppnetzen, die ca. ein Viertel globaler Wildfänge erwirtschaften, ist dramatisch, denn sie zerstören marine Lebensräume am Ozeanboden und verringern die Artenvielfalt um bis zu 50% in Gebieten, in denen mit diesen Netzen gefischt wird. Sie tragen somit auch einen erheblichen Teil zur Verringerung der Fischbestände bei (Pusceddu et al. 2014).

2.1.3 Invasive Arten

Marine Lebensformen können versehentlich durch Ballastwasser der Fischereischiffe teilweise hunderte Kilometer in andere Regionen transportiert werden. Sie gelangen auf diese Weise in Gebiete, in denen sie eigentlich nicht heimisch sind. Dies kann drastische Folgen haben, wie das Beispiel der indopazifischen Killeralge Caulerpa Taxifolia zeigt. Sie wurde im 19. Jahrhundert ins Mittelmeer eingeschleppt und konnte dort einheimische Arten verdrängen. Diese Alge enthält toxische Stoffe und kann aus diesem Grund von den meisten Fischarten nicht gefressen werden und konnte sie sich so immer weiter ausbreiten (Wohlgemuth et al. 2019:55-56.).

2.1.4 Gemeingut Fisch – Eine Tragedy of the Commons

Ein weiteres großes Problem für die globalen Fischbestände ist der Status als internationales Allgemeingut. Sie fallen der sog. *Tragedy of the Commons* zum Opfer.

Denn, im Gegensatz zur Nahrungsversorgung durch Landwirtschaft wie bspw. Viehzucht, bei der die Herden einer bestimmten Person oder einem Unternehmen gehören, sind ein

Großteil der Weltmeere Allgemeinbesitz. So konnte jedes Land oder jeder Fischereibetrieb die Fischbestände auf nicht nachhaltige Art ausbeuten (Begon et al 2017:556-557.).

Die Tragedy of the Commons bezeichnet ein Konzept aus den Wirtschaftswissenschaften. Ein gemeinschaftliches Gut einer endlichen Ressource - in diesem Fall der globale Fischbestand - das von allen genutzt werden kann, steht im Konflikt zwischen allgemeinem gesellschaftlichem Interesse der Erhaltung der Ressource und individuellen Akteuren, die kurzfristig gewinnmaximierend handeln möchten – in diesem Fall die Fischerei. Das Ergebnis ist häufig eine Ausbeutung der Ressource, da das kurzfristige ökonomische Interesse meist überwiegt (Ostrom 2010). Das Verfolgen eigener Interessen führt also zu einer Situation, die langfristig für alle Parteien schlecht ist (Kraak 2011).

Die international geteilten Fischereibestände der Weltmeere sind folglich sehr anfällig für Überfischung, was auch durch empirische Untersuchungen bestätigt werden konnte (McWhinnie 2009).

In den vergangenen 50 Jahren konnte diese *Tragedy of the Commons* durch Regularien und der Einführung von Besitzansprüchen der Staaten an den Ozeanen eingeschränkt werden. Nichtsdestotrotz hat dies nicht zu einem nachhaltigeren Umgang mit der Ressource Fisch geführt (Begon et al 2017:556-557.).

2.2 Erwärmung der Meere durch den Klimawandel

Auch der Klimawandel und die damit verbundene Erwärmung der Ozeane hat einen negativen Einfluss auf die globalen Fischbestände. Korallenriffe, die vielen Fischarten als Lebensraum dienen und ihnen Futter und Schutz bieten, sind durch die steigenden Wassertemperaturen durch Korallenbleiche gefährdet. Die Fischvielfalt könnte durch den Verlust von diesen Riffen in einem pessimistischen Klimaszenario bis zum Jahr 2060 um weitere 40% zurückgehen (Strona et al. 2021).

Die Veränderung der Meerestemperatur könnte des Weiteren die Verfügbarkeit der Nahrung und das Laichverhalten der Fische beeinflussen (IPCC o.J.).

Da die Daten über die Wassertemperaturen mit einem schwankenden Fangergebnis der Fischereiindustrie korrelieren, legt dies nahe, dass der Wärmegehalt des Wassers und folglich auch der Klimawandel einen entscheidenden Einfluss auf die Anzahl der Fischpopulationen hat (Pinnegar et al. 2002).

2.3 Verschmutzung der Meere

Der Eintrag von Schadstoffen, die vor allem über die Flüsse ins Meer gelangen, wie Chemikalien, Abwässer oder anderem Müll, setzt den weltweiten Fischbeständen ebenfalls zu.

Schwer abbaubare Kunststoffe wie Plastik sind ein großes Problem: Meereslebewesen verschlucken Mikroplastik, weil sie es für Futter halten und werden dadurch innerlich verletzt, reichern Giftstoffe wie Weichmacher an oder verenden, weil sie sich in illegal im Meer entsorgten Fischernetzen verheddern (Gebhardt et al. 2020:1215; Kühn et al. 2015).

Chemikalien oder Nährstoffeinträge, z.B. aus der Landwirtschaft können sog. tote Zonen im Meer verursachen, in denen kaum mehr marines Leben möglich ist (Gebhardt et al. 2020:1215).

3 Lösungsansätze

Trotz aller Maßnahmen, die aktuell umgesetzt werden, gehen die Bestände und die Biodiversität in den Weltmeeren immer noch zurück (Begon et al. 2016:507). Um diesem Rückgang entgegenzuwirken und die Bestände zu sichern oder zu regenerieren, müssen folglich Lösungsansätze intensiviert oder neue Möglichkeiten gefunden werden, um diese Nahrungsressource und die Diversität der Arten zu erhalten.

3.1 Maßnahmen in der industriellen Fischerei

Wie bereits in Kapitel 2.1 erwähnt, ist die industrielle Fischerei der Hauptgrund für den globalen Rückgang der Fischbestände. Aus diesem Grund ist der Regulierung der Fischerei im Kampf um die Fischbestände die größte Bedeutung zuzumessen.

3.1.1 Marine Schutzgebiete

Eine Maßnahme hierfür ist bspw. die Ausweitung von Meeresschutzgebieten, in denen es nicht erlaubt ist, Fischfang zu betreiben (Gebhardt et al. 2020:1214). Oftmals erreichen diese Zonen aber nicht die benötigte Größe, damit sich eine Fischart ausreichend erholen kann. Darüber hinaus haben diese Maßnahmen generell nur in verhältnismäßig wenig Schutzgebieten Erfolg die Biodiversität und Unversehrtheit der Lebewesen des Ökosystems zu erhalten (Begon et al. 2016:505-506).

Als Beispiel, dass es dennoch zielführend sein kann Meeresschutzgebiete einzurichten, fungiert das Goat Island Marine Reserve, das 1975 in Neuseeland ausgewiesen wurde. Hier gelang es der stark überfischten Meerbrasse sich innerhalb von 10 Jahren von der fischereilichen Ausbeutung zu erholen. So können sich in diesen Gebieten die Bestände wieder erholen und später in benachbarte Gewässer ziehen, wo sie wieder fischereilich genutzt werden können und dürfen (Begon et al. 2016:505-506).

Diese Gebiete müssten zudem nicht nur ausgewiesen, sondern auch stark kontrolliert werden, denn die Realität zeigt, dass die bloße Ausweisung solcher Schutzzonen keinesfalls zu einer signifikanten Reduzierung der Fischerei in diesen Gebieten führt. In 27% der Fälle einer Stichprobe aus untersuchten Schutzzonen konnte nachgewiesen werden, dass diese Zonen nur auf dem Papier existieren und zu keiner Veränderung der Fischereiaktivität führten (Relano, Pauly 2023).

3.1.2 Festlegung des Aufwands und Schonzeiten

Auch eine Festlegung des fischereilichen Aufwands, sprich eine Regulierung der Tage an denen Fischfang betrieben werden darf, könnte sinnvoll sein, um Fischpopulation Zeit zur Regenerierung zu geben und das Risiko des Aussterbens von Fischarten deutlich zu senken. Die Einführung von Schonzeiten für bestimmte Fischarten hätte einen ähnlichen Effekt. Jedoch gilt für beide Maßnahmen, dass, wie bei marinen Schutzgebieten, ein hoher Kontrollaufwand erforderlich wäre, was mit einem hohen finanziellen Aufwand verbunden wäre (Begon et al. 2016).

3.1.3 Nachhaltige Bewirtschaftung

Auch den wirtschaftlichen Akteuren ist eigentlich daran gelegen den globalen Fischbestand nachhaltig zu bewirtschaften, um deren ökonomische Interessen langfristig zu sichern. Denn, sind die Bestände erschöpft, fallen auch deren Erträge geringer aus. Aber auch eine zu geringe Entnahme würde zu finanziellen Einbußen führen. Eine optimale Lösung zu finden ist daher kompliziert (Begon et al. 2016:557).

Es gibt Entnahmeraten, die es ermöglichen hohe Beträge zu erwirtschaften und trotzdem die meisten Arten zu erhalten. Bei einer Fischpopulation ist die maximale Nettowachstumsrate dann gegeben, wenn regelmäßig eine begrenzte Anzahl entnommen wird. Bei zu geringer Entnahme sinkt das Wachstum der Population aufgrund von Konkurrenz um Futter innerhalb der eigenen Art. Wird diese Art über einen längeren Zeitraum überfischt und folglich zu viel entnommen sinkt diese Rate ebenfalls. Der Punkt der höchsten Wachstumsrate wird als maximal nachhaltiger Ertrag (MSY) bezeichnet. Gelingt es also genau die richtige Menge abzufischen, könnte eine nachhaltige Bewirtschaftung ohne Über- oder Unternutzung und zur Zufriedenheit Aller erzielt werden (Begon et al. 2016:557-558).

Doch dafür sind sehr genaue Daten über den früheren und den aktuellen Zustand lokaler Populationen notwendig. Um solche Daten zu generieren ist es wichtig, dass Fischer mit der Forschung zusammenarbeiten, um diese z.B. anhand von Altersschätzungen und wissenschaftlichen Analysemethoden zu erhalten. So kann es gelingen den MSY einer Art so genau wie möglich zu ermitteln. Dieser Wert dient der Politik und der Fischerei als wichtige Kennzahl für Entscheidungen wie bspw. Fangqouten, um eine nachhaltige Fischerei zu ermöglichen (Gebremedhin et al. 2021).

Nichtsdestotrotz ist auch der MSY nicht die perfekte Lösung, denn er ist nicht das einzige Kriterium für einen verantwortungsvollen Umgang mit einer Ressource. Umweltfaktoren, natürliche Schwankungen oder Eigenschaften wie Größe, Alter, Fruchtbarkeit und Überlebensrate von Populationen werden nicht miteinbezogen. Des Weiteren ist es in der Praxis schwierig, wenn nicht sogar unmöglich, die richtigen Quoten anhand des MSY zu ermitteln, denn eine etwas zu geringe oder zu hohe Entnahme könnte dazu führen, dass der Bestand wieder abnimmt (Begon et al. 2016: 557-561).

Auch aus anderen Gründen sind Fangqouten als kritisch zu erachten, denn es kommt bei deren generellen Umsetzung oftmals zu Problemen, weil die Fischereiwirtschaft in kleineren Ländern, deren Kleinfischerei als bedeutendste Nahrungs- bzw. Einnahmequelle des Landes fungiert geschützt werden sollten (Gebhardt et al. 2020:1214).

Zudem ist die Wirksamkeit dieser Quoten, die der Begrenzung der Fischerei auf bestimmte Arten dienen sollen, in Frage zu stellen, da selektive Fischerei aufgrund von Beifang de facto nicht möglich ist. Die einzige sinnvolle Lösung wäre, den gesamten globalen Umfang der Fischerei zu reduzieren (Davies et al. 2009). Evtl. könnten Beschränkungen der Fanggeräte die Selektivität der Fischerei erhöhen und Beifang von nicht gewollten Arten reduzieren (Worm et al. 2009).

Prinzipiell können diese Regulierungen aber dazu beitragen, zumindest lokale Bedingungen zu verbessern (Worm et al. 2009), allerdings ist ein Effekt auf globaler Ebene aktuell nicht wahrnehmbar (Christensen et al. 2014).

Zumindest in der Theorie wäre es also möglich, dass sich die Fischbestände erholen, wenn der industrielle Fischfang stark eingeschränkt oder gestoppt wird. Dies kann allerdings je nach Art und Ort einige Jahre dauern. Ein Beispiel dafür ist der in Norwegen lebende Hering, der über 20 Jahre benötigte, bis sich seine Art von der vorangegangenen Ausbeutung wieder erholen konnte (WOR 2013).

3.1.4 Änderungen der Rahmenbedingungen

Menschen und Unternehmen, die zur Gewinnmaximierung und damit zu einer Art von Egoismus tendieren, können unter bestimmten Voraussetzungen *umerzogen* werden, um die Tragedy of the Commons in Bezug auf die Fischerei zu überwinden. Der Erfolg ist abhängig von den gesetzten Rahmenbedingungen. Maßnahmen, die getroffen werden können, um das zu erreichen umfassen zum einen eine Abschaffung der Anonymität, d.h. Entscheidungen bzw. Absichten der Fischereibetriebe, sollten veröffentlicht oder zumindest kommuniziert werden. Zum anderen sollten Informationen über den aktuellen Zustand der Bestände und die Folgen nachhaltigen Verhaltensweisen direkt kommuniziert werden. Des Weiteren sollten die Fischereien selbst Regeln und Sanktionen bei Nichteinhaltung festlegen und eine rege Kommunikation zwischen Fischern und Managern etablieren (Kraak 2011).

Schafft man es der Fischerei diese Rahmenbedingungen zu setzen, könnte sich das Verhalten der Akteure weitgehend von selbst ändern ohne, dass strenge Regularien eingeführt werden und zu einer nachhaltigeren Nutzung einer gemeinsam genutzten Ressource führen.

3.1.5   Aquakulturen

Aquakulturen, also das Züchten von nahrungsrelevanten Fischarten an Land oder in küstennahen Gewässern, können dazu beitragen einen entscheidenden Teil des stetig steigenden Nahrungsmittelbedarf der Weltbevölkerung zu decken, die Wildfischerei zu reduzieren und somit die globalen Bestände zu schützen (Begon et al. 2016:561).

Im Jahr 2014 wurden bereits 74 Millionen Tonnen Fisch weltweit in Aquakulturen produziert. Im Vergleich dazu waren es 1985 erst ca. 8 Millionen Tonnen (FAO 2014). Heute sind diese Zuchtanlagen von globaler Wichtigkeit in der Nahrungsmittelproduktion (Begon et al. 2016:562).

Aber auch Aquakulturen ziehen verschiedene Problematiken nach sich. Egal ob es sich um Kulturen an Land oder im Wasser handelt, es müssen für die Versorgung der Anlagen mit Futter oft größere Mengen an Wildfischen gefangen und verarbeitet werden (Gebhardt et al. 2020:1214). Bei der Lachszucht z.B. führt dies sogar dazu, dass die Masse der gezüchteten Fische geringer ist, als die Menge an Wildfischen, die gefangen werden muss, um die Lachse in der Kultur zu füttern. Dies ergibt sich aus dem ineffizienten Energietransfer zwischen den verschiedenen trophischen Ebenen in der Nahrungskette zum Gewinn an Biomasse. Folglich tragen Aquakulturen trotz allem sogar zur Überfischung der Weltmeere bei (Begon et al. 2016:562).

Zudem kommt es durch die Haltungsdichte der Fische in den Anlagen im Ozean häufig zu einer schädlichen Überdüngung und damit zu einer Eutrophierung des Gewässers im nahen Umfeld der Kulturen (Gebhardt et al 2020:1214). Um zu verhindern, dass sich Krankheiten dort ausbreiten und, um den Biomassezuwachs zu beschleunigen, werden Antibiotika unter das Futter gemischt, das wiederum in die Umwelt und somit in andere Organismen gelangen kann (Begon et al. 2016:562).

Allerdings gibt es auch deutlich schonendere Arten der Fischzucht, die die umgebenden Lebensräume weniger stark durch Nährstoffeinträge schädigt, wie die sog. multitrophische Aquakultur. Der Anteil dieser Kultur ist aktuell aber noch verschwindend gering und kann das vorher genannte Problem des benötigten Wildfischs als Futtermittel ebenfalls nicht lösen (Gebhardt et al. 2020:1214). Darüber hinaus kann der weltweite Bedarf an Fisch generell nicht allein über Aquakulturen gedeckt werden (Sumaila et al. 2022).

3.2   Reduzierung der CO_2-Emissionen

Eine wirksame Maßnahme, die den Klimawandel und damit die Erwärmung der Meere abschwächen können, ist die Reduzierung der anthropogenen CO_2-Emissionen.

Da die Konzepte, die durch das Pariser Klimaabkommen beschlossen wurden, nicht ausreichen werden, um das Ziel einer globalen Erwärmung unter zwei Grad Celsius bis zum Jahr 2100 im Vergleich zur vorindustriellen Zeit zu erreichen (Schleussner et al. 2016), sind ambitioniertere Maßnahmen erforderlich, um eine weitere Erwärmung des Planeten und damit der marinen Ökosysteme zu verhindern. Ein Beispiel hierfür wären eine deutliche Ausweitung von erneuerbaren Energien (Gattuso et al. 2018). In letzter Zeit wurde zudem der Fokus auf die Ausweitung bzw. Schutz von natürlichen Kohlenstoffspeichern gelegt (Griscom et al. 2017).

Wenn das Klimaziel allerdings erreicht werden soll, muss wahrscheinlich CO_2 aktiv aus der Atmosphäre entzogen werden. Diese Maßnahmen werden meist unter dem Begriff Climate Engineering zusammengefasst. Diese Technologien machen Hoffnung, allerdings müssten in deren Erforschung zu Wirksamkeit und Risiken in den kommenden Jahren einige finanzielle Mittel investiert werden, um eine schnelle Einsatzbereitschaft zu gewährleisten (Williamson 2016).

3.3   Verbessertes Müllmanagement

Um Müll und Schadstoffeinträge ins Meer zu verringern, bedarf es an politischen Entscheidungen, die vor allem die Verschmutzung an Land besser regulieren. Denn durchschnittlich 80% der Schadstoffe in den Ozean gelangt vom Land in die Gewässer. Hilfreich für das marine Ökosystem wären folglich weitere Gesetzte oder Regularien, die die Landwirtschaft oder Industriebetriebe dazu bringen, den von ihnen produzierten Müll zu recyclen oder umweltschonend zu entsorgen (Gebhardt et al. 2020:1215).

4 Fazit

Generell lässt sich festhalten, dass es keine perfekte Maßnahme gibt, um die globalen Fischbestände zu schützen oder zu regenerieren. Jeder einzelne Lösungsansatz bringt einen Kompromiss aus Vor- und Nachteilen mit sich. Die einzige Lösung, die schnellstmöglich einen maximalen Schutz der Bestände gewährleisten könnte, ist eine drastische Reduzierung des gesamten globalen fischereilichen Aufwands (Davies et al. 2009).

Eine Kombination aus traditionellen Ansätzen wie Fangquoten und gemeinschaftliches Management könnten zusammen mit Fangbeschränkungen, selektiveren Fanggeräten, marinen Schutzgebieten und wirtschaftlichen Anreizen ebenfalls vielversprechend für die Wiederherstellung von gesunden Ökosystemen sein. Diese Maßnahmen können aber sehr langwierig sein, bis sich erste Erfolge einstellen, kurzfristig hohe Kosten verursachen und somit schwerwiegende soziale und wirtschaftliche Folgen nach sich ziehen (Worm et al. 2009).

Doch es ist zwingend notwendig umfangreiche Maßnahmen zu treffen und diese möglichen Auswirkungen vorrübergehend in Kauf zu nehmen, um die Fischbestände und das komplette Ökosystem zu regenerieren und deren Gesundheit wieder herzustellen, um das Gleichgewicht des Planeten und eine wichtige Nahrungsressource langfristig zu erhalten.

Literaturverzeichnis

Anticamara J. A., Watson R., Gelchu A., Pauly D. (2011): Global fishing effort (1950–
2010). Trends, gaps, and implications. Fisheries Research 107(1-3), 131-136.
https://doi.org/10.1016/j.fishres.2010.10.016

Begon M., Howarth R. W., Townsend C. R. (2016): Ökologie. 3. Aufl., Berlin: Springer.

Christensen V., Coll M., Piroddi C., Steenbeek J., Buszowski J., Pauly D. (2014): A
century of fish biomass decline in the ocean. Marine Ecology Progress Series
512, 155-166.
https://doi.org/10.3354/meps10946

Davies R. W. D., Cripps S. J., Nickson A., Porter G. (2009): Defining and estimating global marine fisheries bycatch. Marine Policy 33(4), 661-672.
https://doi.org/10.1016/j.marpol.2009.01.003

FAO (Food and Agriculture Organization of the United Nations) (2014): The state of
world fisheries and aquaculture. Contributing to food security and nutrition for
all. The State of World Fisheries and Aquaculture. Rom.

FAO (Food and Agriculture Organization of the United Nations) (2023): Food outlook.
Biannual report on global food markets. Rom.
https://doi.org/10.4060/cc3020en

Gattuso J. P., Magnan A. K., Bopp L., Cheung W. W., Duarte C. M., Hinkel J., McLeod
E., Micheli F., Oschlies A., Willaimson P., Billé R., Chalastani V. I., Gates R. D.,
Irisson J. O., Middelburg J. J., Pörtner H. O., Rau G. H. (2018): Ocean solutions
to address climate change and its effects on marine ecosystems. Frontiers in Marine Science 5, 410554.
https://doi.org/10.3389/fmars.2018.00337

Gebhardt H., Glaser R., Radtke U. Reuber P., Vött A. (Hg.) (2020): Geographie. Physi-
sche Geographie und Humangeographie. 3. Aufl., Berlin: Springer.

Gebremedhin S., Bruneel S., Getahun A., Anteneh W., Goethals P. (2021): Scientific methods to understand fish population dynamics and support sustainable fisheries
management. Water 13(4), 574.
https://doi.org/10.3390/w13040574

Griscom B. W., Adams J., Ellis P. W., Houghton R. A., Lomax G., Miteva D. A., Fargione J. (2017): Natural climate solutions. Proceedings of the National Academy of Sciences 114(44), 11645-11650.
https://doi.org/10.1073/pnas.1710465114

IPCC (o.J.): Marine Fish. https://archive.ipcc.ch/ipccreports/tar/wg2/index.php?idp=289 (28.05.2024).

Kraak S. B. (2011): Exploring the 'public goods game' model to overcome the tragedy of the commons in fisheries management. Fish and Fisheries 12(1), 18-33.

Kühn S., Bravo Rebolledo E. L., Van Franeker J. A. (2015): Deleterious effects of litter on marine life. In: Bergmann L., Gutow L., Klages N. (eds.): Marine anthropogenic litter. Cham: Springer, 75-116.

Lewison R. L., Crowder L. B., Read A. J., Freeman S. A. (2004): Understanding impacts of fisheries bycatch on marine megafauna. Trends in Ecology & Evolution, 19(11), 598-604.
https://doi.org/10.1016/j.tree.2004.09.004

McWhinnie S. F. (2009): The tragedy of the commons in international fisheries. An empirical examination. Journal of Environmental Economics and Management 57(3), 321-333.
https://doi.org/10.1016/j.jeem.2008.07.008

Ostrom E. (2008): Tragedy of the commons. The new Palgrave Dictionary of Economics 2, 1-4.

Pinnegar J. K., Jennings S., O'Brien C. M., Polunin N. V. C. (2002): Long-term changes in the trophic level of the Celtic Sea fish community and fish market price distribution. Journal of Applied Ecology, 377-390.

Pusceddu A., Bianchelli S., Martín J., Puig P., Palanques A., Masqué P., Danovaro R. (2014): Chronic and intensive bottom trawling impairs deep-sea biodiversity and ecosystem functioning. Proceedings of the National Academy of Sciences 111(24), 8861-8866.
https://doi.org/10.1073/pnas.1405454111

Relano V., Pauly D. (2023): The paper park index. Evaluating marine protected area effectiveness through a global study of stakeholder perceptions. Marine Policy 151, 105571.
https://doi.org/10.1016/j.marpol.2023.105571

Schleussner C. F., Rogelj J., Schaeffer M., Lissner T., Licker R., Fischer E. M., Levermann A., Frieler K., Hare W. (2016): Science and policy characteristics of the Paris Agreement temperature goal. Nature Climate Change 6(9), 827-835. https://doi.org/10.1038/nclimate3096

Strona G., Lafferty K. D., Fattorini S., Beck P. S., Guilhaumon F., Arrigoni R., Montano S., Seveso D., Galli P., Planes S., Parravicini V. (2021): Global tropical reef fish richness could decline by around half if corals are lost. Proceedings of the Royal Society B 288(1953), 20210274. https://doi.org/10.1098/rspb.2021.0274

Sumaila U. R., Pierruci A., Oyinlola M. A., Cannas R., Froese R., Glaser S., Jacquet J., Brooks A. K., Issifu I., Micheli F., Naylor R., Pauly D. (2022): Aquaculture overoptimism?. Frontiers in Marine Science (9), 984354. https://doi.org/10.3389/fmars.2022.984354

United Nations (2017): Marine biodiversity and ecosystems underpin a healthy planet and social well-being. https://www.un.org/en/chronicle/article/marine-biodiversity-and-ecosystems-underpin-healthy-planet-and-social-well-being#:~:text=The%20ocean%20is%20one%20of,marine%20species%20are%20still%20unidentified. (14.05.2024).

Williamson P. (2016): Emissions reduction. Scrutinize CO_2 removal methods. Nature 530(7589), 153-155. https://doi.org/10.1038/530153a

Wohlgemuth T., Jentsch A., Seidl, R. (Hg.) (2019): Störungsökologie. Bern: utb.

WOR (World ocean review) (2013): Die Zukunft der Fische. Die Fischerei der Zukunft. https://worldoceanreview.com/wpcontent/downloads/wor2/WOR2_de.pdf (15.05.2024).

Worm B., Hilborn R., Baum, J., Branch T. A., Collie J. S., Costello C., Fogarty M. J., Fulton E., Huttchings J. A., Jennings S., Jensen O. P., Lotze H. K., Mace P. M., McClanahan T. R., Minto C., Palumbi S. R., Parma A. M., Ricard D., Rosenberg A. A., Watson R., Zeller D. (2009): Rebuilding global fisheries. Science 325(5940), 578-585. https://doi.org/10.1126/science.1173146

www.ingramcontent.com/pod-product-compliance
Lightning Source LLC
La Vergne TN
LVHW040520200726
843493LV00017B/2962